江苏省金陵科技著作出版基金

新农村

实用科技知识简明读本

水产养殖

U0835746

江苏省科学技术厅 著

凤凰出版传媒集团
江苏科学技术出版社

图书在版编目(CIP)数据

水产养殖 / 江苏省科学技术厅著. —南京：江苏科学技术出版社，2009.3（2012.2重印）
（新农村实用科技知识简明读本）
ISBN 978-7-5345-6324-9

Ⅰ.水… Ⅱ.江… Ⅲ.水产养殖 Ⅳ.S96

中国版本图书馆CIP数据核字（2009）第028114号

新农村实用科技知识简明读本
水产养殖

著　　者	江苏省科学技术厅
责任编辑	王明辉
责任校对	郝慧华
责任监制	曹叶平
出版发行	凤凰出版传媒集团 凤凰出版传媒股份有限公司 江苏科学技术出版社
集团地址	南京市湖南路1号A楼，邮编：210009
集团网址	http://www.ppm.cn
出版社地址	南京市湖南路1号A楼，邮编：210009
出版社网址	http://www.pspress.cn
经　　销	凤凰出版传媒股份有限公司
制　　版	南京紫藤制版印务中心
印　　刷	江苏凤凰通达印刷有限公司
开　　本	850 mm×1 168 mm　1/32
印　　张	2.625
字　　数	56 000
版　　次	2009年3月第1版
印　　次	2012年2月第10次印刷
印　　数	77001—82000册
标准书号	ISBN 978-7-5345-6324-9
定　　价	14.00元

图书如有印装质量问题，可随时向我社出版科调换。

《新农村实用科技知识简明读本》系列丛书

主　编　朱克江

副主编　曹苏民　郑建初　王明庥　黎　雪

编审人员（按姓氏笔画为序）

丁　鹏　戈贤平　王　浩　王志跃　王根林　刘铁铮
羊杏平　余文贵　吴　翔　张洪程　陈发棣　陈国宏
陈学好　陈洪强　陈宽维　周建涛　茅鸣皋　郑　正
侯喜林　俞明亮　柳建国　赵亚夫　唐建清　唐晓岚
夏　冰　常有宏　戚存扣　章　镇　景　茂　程顺和
潘建林

编写人员（按姓氏笔画为序）

尹立红　王志跃　王述彬　王根林　任守文　庄　勇
朱　爽　羊杏平　严维辉　吴伟民　宋金悌　张　军
张绍铃　张洪程　张洪熙　汪贵斌　陆全平　陈发棣
陈校辉　周　刚　周建涛　侯喜林　俞明亮　姜　东
赵万里　赵统敏　赵密珍　钟　声　唐建清　唐晓岚
徐立华　袁建华　钱　忠　陶建敏　戚存扣　曹福亮
黄瑞华　彭　刚　曾　苏　程嘉翎　童　军　谢一芝
韩　飞　翟　频　黎寿丰　黎星辉

工作人员（按姓氏笔画为序）

王　彬　孙礼勇　朱述钧　何家骏　吴　翔　张　颖
李　娜　杨艳红　周建涛　柳建国　徐凯飞　桂永琴
顾　俊　梁亦涵　谢宗华　窦晓竹

电脑制作

南京贴近数码影像有限公司

一本让农民看得懂的科技致富书

——《新农村实用科技知识简明读本》序

为深入贯彻落实党的十七届三中全会精神，切实提升农民的科学种田水平和科技致富能力，加快新农村建设步伐，江苏省科学技术厅统一策划组织，以江苏省农科院为主，由南京农业大学、扬州大学、南京林业大学、江苏省淡水水产研究所等单位的一百多名农业科技专家协同参与，将江苏广大农民生活、生产中急需的、成熟的关键技术集成进行通俗化、科普化，编著了一套让农民看得懂的《新农村实用科技知识简明读本》丛书。

丛书编著以农民看得懂、学得会、用得好、见实效为根本出发点。力求形式上贴近广大农民，丛书实现了顶层设计、表现形式、品牌标记、电脑制图、卡通拟人设计等五个统一，让农民喜闻乐见；力求内容选择上贴近广大农民，结合江苏农村实情，以江苏特有农业品种科学生产技术知识为重点，丛书涉及主要农作物种植、主要园艺作物种植、设施蔬菜种植、畜禽养殖、水产养殖、新农村建设六个方面，43个生产、生活领域，这些不仅是当代农民迫切需要的技术，也是发展现代高效农业所必须的先进成熟技术；力求定位上贴近广大农民，丛书以小学以上文化程度的广大农民为主要读者对象，以卡通图示为主，配以提纲挈领式的文字，体现图文并茂、简明扼要、易学易懂的特点，开创了农业技术传授的新方法；力求表现方式上贴近广大农民，将每一项技术由难变易、化繁为简，按照技术实施流程细化分解成十几个关键技术节点。这些关键技术节点前后有序、环环相扣，且特别注明什么是一定要做的，什么是不能做的，便于广大农民学习、掌握和应用。

一切为了广大农民的增收致富是丛书的又一个重要特点。丛书中精心分解的技术以及每一个关键技术节点，不仅融汇了许多专家的集体智慧，而且在形成过程中走进田头、村舍，征询了许多种植、养殖能手和农村基层干部的意见。从田头来，再到田头去；从新农村建设实际出发，再到农村小康社会建设中去。希望这套丛书能切切实实地帮助农民朋友奔向小康之路，建设美好家园。

张连珍
2009年2月

目录

鳜鱼养殖技术图说

说明

鳜鱼是著名的席上珍肴，有传统的消费市场。

鳜鱼主要有池塘主养和虾、蟹养殖池套养等养殖方式。这些重要的现代养殖技术，具有产量高、效益高等特点。套养可有效提高养殖塘口的经济效益。本图说以翘嘴鳜为例，重点介绍鳜鱼养殖的共性技术。

限于篇幅，鳜鱼养殖技术图说只提供了关键技术要点，广大农民朋友在生产实践中若有问题和建议，可直接与江苏省淡水水产研究所养殖室联系。

电话： 025-86581553

网站： http://www.js-fish.net

一、品种特征

鳜鱼是名贵鱼类，品种较多，有翘嘴鳜、大眼鳜、长体鳜和斑鳜等。我省养殖的主要品种是翘嘴鳜。翘嘴鳜眼睛小，仅占鱼头长的1/6，背部隆起呈菱形，食物消化吸收能力强，生长较快。

二、鳜鱼习性

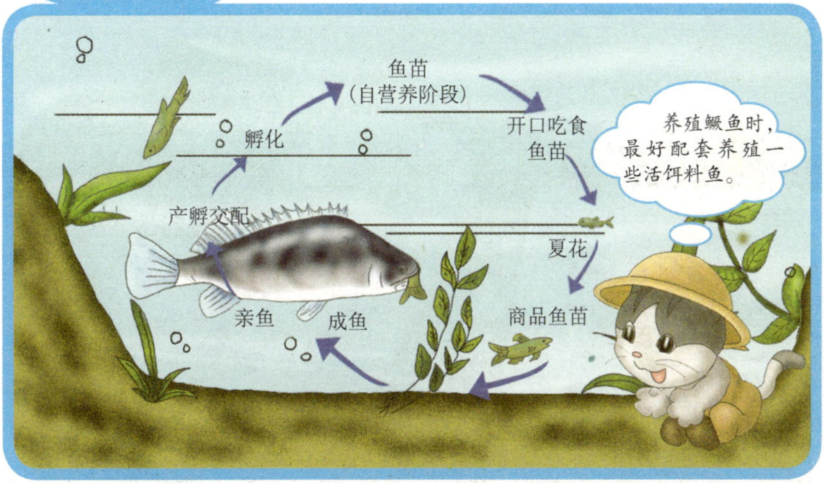

鳜鱼是近视眼，典型的肉食性鱼类。幼鱼孵化后不久就会吃其他的鱼苗，一生只吃活鱼，即使饿死也不吃死鱼。一般来说，当年4月份繁殖的鳜鱼苗，到年底就可以长到0.5公斤左右，即可上市销售。

三、池塘选择

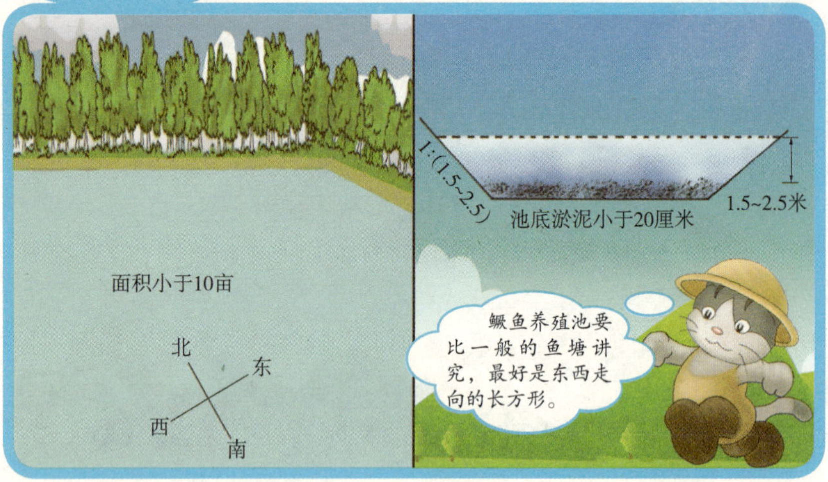

鳜鱼养殖塘要求水源充足，水质良好，没有污染，排灌方便。单养鳜鱼的池塘不要过大，面积应小于10亩，水深1.5~2.5米，池底淤泥小于20厘米。养河蟹塘可以套养鳜鱼。

四、养殖方式

池塘主养鳜鱼，每亩放鱼苗1000尾，养殖产量可达300公斤/亩以上；虾蟹池套养鳜鱼苗10~20尾/亩，养殖产量5~10公斤/亩。

五、养前准备

鳜鱼苗放养前，主养池塘挖去过多的淤泥，整修池埂、进排水渠，用生石灰全池消毒。池塘水深1米时，每亩用生石灰120～150公斤。池塘消毒1周后放鱼苗。

六、饵鱼培养

鳜鱼鱼种放养前15~20天，池中要培养好饵料鱼。饵料鱼的品种可以是鲢、鳙、鳊、鲫等，每亩放苗量在20万～30万尾。同时，也要重视后期配套饵料鱼的培养。一般鳜鱼池与配套饵料鱼池面积之比为1：3。

七、苗种购买、运输和放养

苗种要求：鱼体顶水游泳有力、鳍条完整、体表光滑、颜色纯正。运输一般用30厘米×30厘米的氧气袋，每袋装运300～400尾，可以运输4～5小时。苗种要在池塘的上风处放养，散开。如鱼种规格过大，放养量要相应减少。

八、鳜鱼喂养

要保持鳜鱼和饵料鱼的密度为1：1.5。水温高的7～8月份每天喂1次，9月份后每5～7天喂1次。饵料鱼的投放一要活的，二要适中，三要及时。饵料鱼投喂前用2%的食盐水浸泡5分钟。虾蟹池套养鳜鱼一般不需要投喂饵料鱼。

九、水质调控

通常15～20天用生石灰水全池泼洒1次，水深1米每亩用生石灰20公斤。一般情况下每10～15天换水1次；高温季节每5～7天换水1次，每次换水20厘米。养殖池水透明度要保持在40厘米左右。

十、日常管理

每天巡池2~3次，捞除残饵、杂物，观察鱼体生长、活动情况，检查饵料鱼的密度及进排水防逃设施。一旦发现鱼儿生病、浮头、逃逸或饵料鱼不足等情况，要及时采取措施。

十一、病害防治

鱼儿一旦生了病，治起来较困难，要“以防为主，防治结合”。每隔20天要用水质消毒剂对水质进行一次消毒。一旦发现鱼儿生病要及时隔离病鱼，立即找鱼医生诊断，对症下药，并对鱼具进行消毒。

十二、捕捞运输

捕捞鳜鱼因地制宜。鳜鱼在冬季喜欢集群居窝，可以先用竹竿击打水面，促使鳜鱼快速进窝，然后用旋网罩捕，反复几次，效果较好。还可以干池捕捞。活鱼运输最好采用纯氧充气运输，活鱼价值好，死鳜鱼不值钱。

黄颡鱼池塘养殖技术图说

黄颡鱼

说明

黄颡鱼肉嫩味美，市场需求大，价格高，养殖前景好。

黄颡鱼主要采用池塘养殖，养殖技术要求较高。本图说主要从池塘准备、苗种选购与培育、成鱼养殖、饲料投喂、日常管理和病害防治等方面，重点介绍黄颡鱼池塘养殖的共性技术。

限于篇幅，黄颡鱼池塘养殖技术图说只提供了关键技术要点，广大农民朋友在生产实践中若有问题和建议，可直接与江苏省淡水水产研究所育种室联系。

电话：025-86581571

网站：http://www.js-fish.net

一、品种习性

江苏是黄颡鱼主产区。黄颡鱼俗称昂刺、昂弓等，是底层鱼类，喜集群，昼伏夜出，杂食性。从鱼苗到商品成鱼养殖周期一般2年以上。

二、池塘准备

苗种放养前20天左右清塘消毒。通常采取干法消毒，每亩用生石灰75~100公斤化浆后全池泼洒。消毒1周后灌水0.6~0.8米，每亩施基肥200~300公斤，堆放在塘内四周。

三、鱼苗选购

通常在5~7月份选购鱼苗。优质鱼苗体色为灰黑色，大小均匀，游动活泼，体表光滑无黏附物，集群与顶水能力强。鱼苗一般采用氧气袋或活鱼运输箱运输。

四、苗种培育

苗种下塘前，先在塘内用小网箱投放几十尾鱼苗试水，24小时后无异常才可正式放养。放养密度一般每亩3万~5万尾。放养后，每亩每天2次均匀泼洒0.5~1公斤黄豆浆，10天后每天定点投喂粉状配合饲料0.5~1公斤，20天后可投喂颗粒饲料。苗种出塘前1周，每隔1~2天拉网炼苗1次。拉网当天不喂食。

五、鱼种放养

鱼苗长到6厘米以上时转入成鱼塘放养。转养应当在晴天进行。放养密度每亩4000~5000尾，每亩可搭养鲢鱼100尾。

六、投饲管理

要按照“四定原则”投喂饲料，即投喂饲料时做到定质、定量、定点、定时。当水温18~30℃时，日投喂量为全池鱼儿总体重的4%~5%，实际投喂量可视天气和鱼吃食情况灵活掌握。

七、水质管理

5~10月份每隔10~15天换水20厘米，每亩交叉泼洒生石灰浆水5~8公斤，保持池水透明度30厘米以上。高温季节要增加增氧设备，有条件的最好进行微流水养殖。

八、日常管理

每天早、中、晚分别巡塘1次，仔细观察池塘水色、鱼儿活动状态、病害情况等。定期清洗食台，检查鱼的生长情况，发现异常要及时采取措施。每天做好塘口记录。

九、病害防治

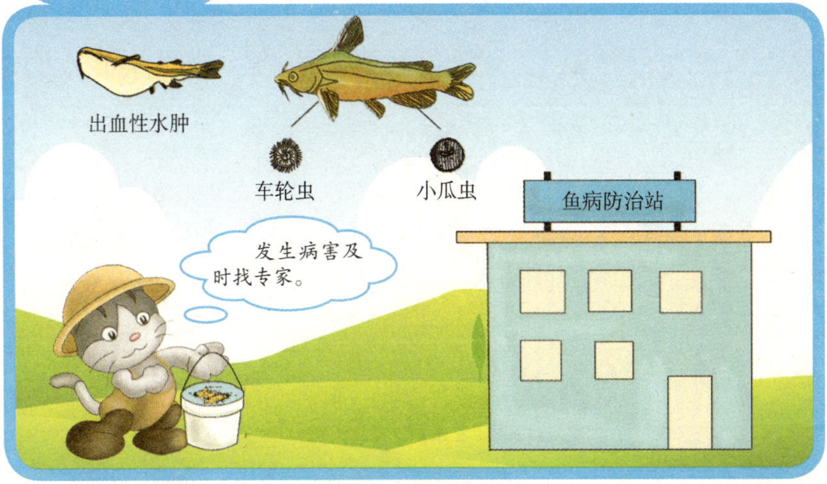

黄颡鱼常见病害有出血性水肿病、车轮虫病、小瓜虫病等，防治以预防为主。一旦发生病害应及时请鱼病专家诊断，合理用药治疗。不能使用国家规定的违禁鱼药。病死鱼要集中深埋处理。

十、捕捞运输

黄颡鱼一般采用拉网捕捞。捕捞前1~2天停止喂食。拉网最好在清晨日出前或傍晚太阳落山后进行。捕捞后一般采用活鱼运输车运输。

河蟹池塘主养技术图说

河蟹

说明

河蟹池塘主养技术成熟，效益明显，是农民致富的好途径。

河蟹养殖方式主要有池塘养殖、湖泊养殖、稻田养殖等。湖泊养殖受水域、气候、自然灾害的制约，效益不稳定且难推广；稻田养殖的河蟹规格偏小，产量低，效益不高；池塘养殖河蟹技术较成熟，规格大，产量高，效益有保障。本图说重点介绍河蟹池塘主养的共性技术。

限于篇幅，河蟹池塘主养技术图说只提供了关键技术要点，广大农民朋友在生产实践中若有问题和建议，可直接与江苏省淡水水产研究所资源室联系。

电话：025-86581574

网站：http://www.js-fish.net

一、品种习性

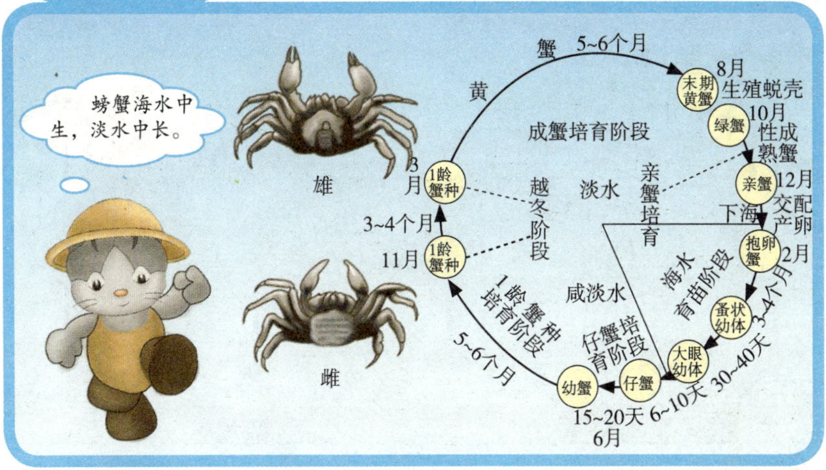

河蟹，俗称为螃蟹、大闸蟹，学名中华绒螯蟹，是一种生殖洄游性动物，秋冬季进入海水中繁殖。江苏主要养殖长江系蟹苗，其中太湖水系的清水大闸蟹名气最大。河蟹主要吃小鱼、小虾、螺蚬、小蚌，及水中的昆虫、水草等。

二、塘口选择

蟹池应选择靠近水源、水量充沛、水质清新、有电源、交通便利的土池。池塘形状以东西向长方形为宜，池底质黏土最好。塘埂四周建60厘米高的防逃设施。

三、清塘消毒

蟹池秋冬季排干池水，晒塘冻土，可以翻动底泥；然后留水深20厘米，每亩用生石灰150~200公斤带水全池泼洒消毒。

四、蟹种选购与运输

蟹种应规格整齐、体质健壮、爬行敏捷、附肢齐全、无损伤、无附着物，规格每公斤100～200只为好。性早熟的蟹种不能选购。蟹种通常采用干运法运输，运输时要保持湿度，避免风吹日晒。

五、蟹种放养

蟹种应在3月上旬前放养结束，密度为每亩500～600只。塘内先用网布小面积围栏，将消毒后的蟹种一次性放入围栏区强化培养，蜕壳后再分级放开饲养。

六、混养技术

河蟹养殖过程中可以适当套养鲢鱼、鳙鱼、翘嘴红鲌、鳜鱼、青虾等，以提高蟹池综合生产能力，同时也可提高河蟹的生长速度和品质。套养密度以每亩生产15～20公斤为宜。

七、种草投螺

蟹池四周设置50～80厘米的水花生带，池中种植伊乐藻、黄丝藻、苦草、轮叶黑藻等沉水植物。水草面积占养殖总面积的1/3。早期沉水植物区要用网片分隔拦围，保护水草萌发。每年清明节前每亩一次性投放活螺蛳300～400公斤，或清明前先投放100~200公斤，5~8月每月补放50公斤。

八、蟹池增氧

微孔管道增氧技术能提高河蟹养殖品质、规格、产量和经济效益。按照每亩0.22千瓦以上功率配置气泵，输气主管内径75毫米，微孔管内径12毫米。输气主管一般架设在池塘中间，高出池水30~50厘米，微孔管固定在离池底10~15厘米处。

九、水质调控

换水、割草、消毒是蟹池水质调控的重要手段。蟹池通常2周换1次水。换水时先排后灌，每次换水20~30厘米。每15天每亩用10~15公斤生石灰化水后全塘泼洒，也可适当泼洒微生物制剂等调节水质。

十、底质调控

河蟹养殖期间应尽量减少剩余残饵沉底，保持池塘底质干净清洁，定期使用底质改良剂（如投放过氧化钙、光合细菌、活菌制剂），用量可参照使用说明书。

十一、饲料组成

河蟹植物性饲料有豆饼、花生饼、玉米、小麦、地瓜、土豆、各种水草等，动物性饲料有小杂鱼、螺蛳、河蚌等。饲料应青、粗、精结合，确保新鲜适口，提倡投喂配合饲料。

十二、饲料投喂

每天投喂2次，早上占日投喂量的1/3，傍晚占2/3。天晴多投，阴雨天和河蟹大量蜕壳时适当少投。投喂2小时后要检查吃食情况，以基本吃完为宜。

十三、日常管理

每天早晚巡塘2次，仔细检查河蟹蜕壳生长、病害、敌害及水质变化等情况。异常天气要仔细检查防逃设施，发现问题及时采取措施。每天做好巡塘记录。

十四、病害防治

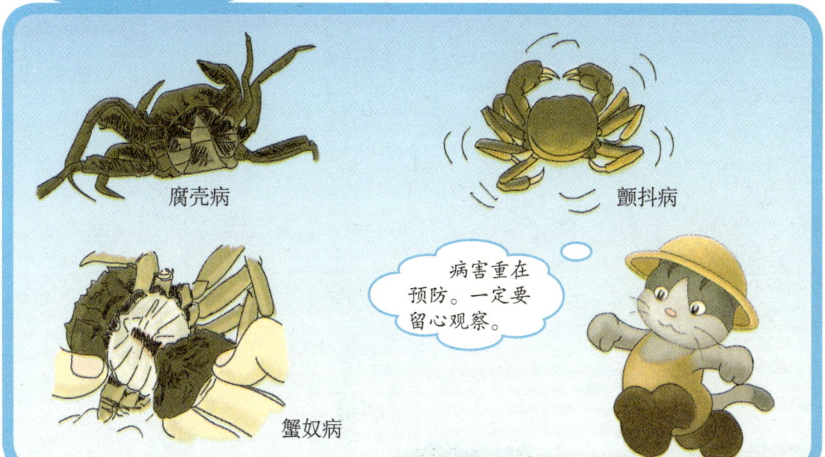

河蟹病害主要有腐壳病、颤抖病、蟹奴病、黑鳃病等。发现河蟹生病或死亡，要及时上报当地病害防治中心，根据专家的指导，采取相应的治疗方法。

十五、捕捞收获

10~11月是河蟹捕捞上市最佳时间。一般采用地笼张捕、灯光诱捕等方式捕捞。捕捞后的河蟹需吐泥、滤脏、清洗后上市。

中华鳖精养技术图说

说明

中华鳖肉质鲜美、营养丰富，并具有保健和药用价值，深受市场欢迎。

中华鳖的养殖方式主要有池塘精养、温室养殖、鱼鳖混养和仿生态养殖等。各种养殖方式各有利弊，养殖户须根据自己的具体情况选择适合自己的养殖方式。池塘精养受外界条件影响较小，各地均可开展，也可以与温室养殖相结合，提高养殖产量和效益。近年来，鱼鳖混养、仿生态养殖等模式发展较快，成为我省的主要养殖方式。本图说重点介绍了中华鳖精养的共性技术。

限于篇幅，中华鳖精养技术图说只提供了关键技术要点，广大农民朋友在生产实践中若有问题和建议，可直接向江苏省淡水水产研究所信息部咨询。

电话：025-86581550

网站：http://www.js-fish.net

一、生活习性

江苏主要养殖中华鳖。中华鳖俗称甲鱼，自然条件4～5龄，人工饲养12～16个月可达性成熟。水温20℃以上时甲鱼发情交配，5～8月为其产卵期，6～7月为其产卵高峰期。水温15℃以下时甲鱼停食，10℃以下进入休眠状态。5～9月为甲鱼黄金生长期。

二、亲鳖池建造

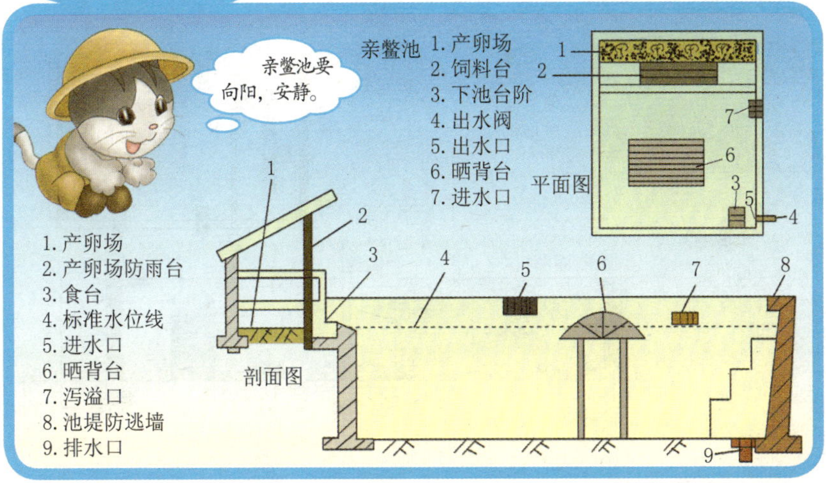

亲鳖池面积为2～3亩，池深1.5～2米，池底铺30厘米厚细沙或软泥。产卵场设置在池塘北坡，高出水面0.5米，内铺30厘米厚细沙，沙面与地面持平。亲鳖池的四周要设置“T”形防逃墙，高度为30～50厘米。

三、稚、幼鳖池建造

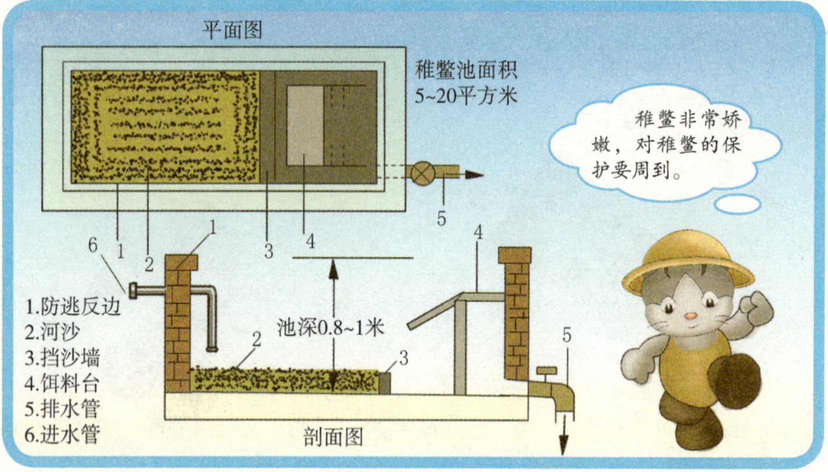

稚鳖池底铺细沙5～10厘米，蓄水0.2～0.5米。幼鳖池与稚鳖池类似，室内池面积20～50平方米，蓄水0.6米，池中设约为池面积1/10大小的晒背台，水面下0.1米设饵料台；室外池面积600～1000平方米，池深0.8～1米。

四、成鳖池建造

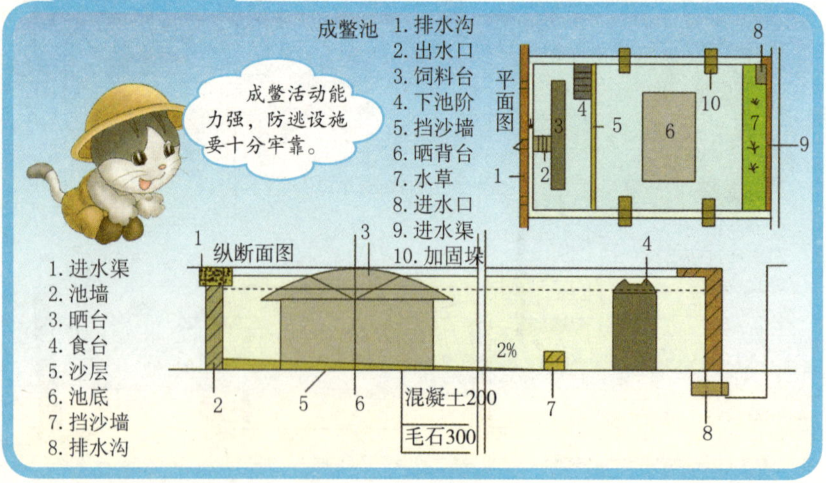

成鳖池一般为长方形水泥池或砖壁土池。水泥池面积50~100平方米，土池一般不超过3亩。池底铺细沙10~15厘米，池壁设高80~100厘米的“T”形防逃设施，池深1~1.2米。食台0.5平方米，与水面相平。

五、亲鳖培育

选择健壮丰满、爬行敏捷的4～5龄野生鳖（雌鳖1公斤以上，雄鳖1.5公斤以上）为亲鳖，雌雄比例为（3：1）～（4：1），放养量2～3平方米1只。放养前用每升100毫克高锰酸钾溶液浸浴5～10分钟。天气晴好，水温15～17℃时放养。20℃时亲鳖开始发情交配，半个月后开始产卵。一般清晨6～7点钟取卵。

六、人工孵化

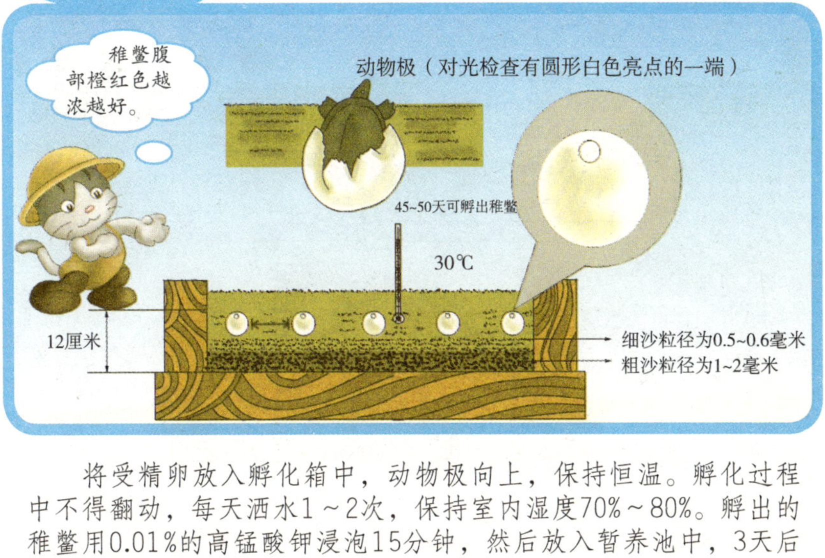

将受精卵放入孵化箱中，动物极向上，保持恒温。孵化过程中不得翻动，每天洒水1～2次，保持室内湿度70%～80%。孵出的稚鳖用0.01%的高锰酸钾浸泡15分钟，然后放入暂养池中，3天后转入稚鳖池饲养。

七、稚鳖培育

放养密度每平方米8～12只。以丝蚯蚓、蛋黄、鱼肉打成浆投喂，日投喂量为稚鳖体重的10%，每天投喂2～3次。5天后投喂专用配合饲料，每天投喂2次，日投喂量为鳖体重的5%～8%。池水3～5天更换1次，通常更换1/3的池水。气温35℃以上要搭遮阴棚。

八、幼鳖养殖

3月下旬至4月上旬，将越冬后的稚鳖先用每升30～40毫克高锰酸钾溶液消毒5～6分钟，然后分规格放养到幼鳖池中。放养量一般为每平方米5～8只，日投喂量为鳖体重的3%～5%。

九、成鳖养殖

鳖种放养通常在4月中旬到5月上旬进行。一般水温在20℃以上时，挑选150～200克的幼鳖放养，密度为每平方米3～5只。投喂配合饲料，投喂量为鳖体重的2%～5%，早晚各1次。

十、日常管理

每天早、中、晚巡池，检查防逃设施、吃食情况，勤除杂草，及时清除残余饲料。每周换水1次，每次换水量10～20厘米。每隔15～20天要对水体进行消毒。饲料投喂要做到“四定”:定时，定质，定量，定点。

十一、仿生态养殖

最好按自然生态环境养鳖。每平方米放养幼鳖0.5～1.5只，养殖池中每亩投放规格10厘米以上的鲢、鳙、草、鳊等鱼500尾，螺蛳100公斤，适当种植水草，养殖时可适当投饲。冬季水温10～12℃时，保持池水最高水位。

十二、病害防治

鳖的主要疾病有水霉病、红脖子病、疥疮病、穿孔病及寄生虫病、细菌性败血症等。鳖的疾病控制以预防为主，平时要保持良好的养殖环境，定期使用水体消毒剂消毒灭菌，及时清扫食台，注意饲料的营养，科学添加辅料和预防药物。

十三、捕捉与运输

捕捞前停食1～2天。捕捞可用网捕或干塘捕捞。徒手抓鳖时，用右手食指和拇指插入甲鱼后脚左右两侧抓捕。装运时要防止鳖互相撕咬和堆压，不能散装运输；亲鳖要每只装袋运输。运输途中每隔5～7小时淋1次水，使鳖保持一定湿度。

青虾养殖技术图说

说明

青虾养殖投资少，见效快，技术操作简单，易推广。

青虾养殖主要有主养和混养两种模式。混养青虾目前主要有以河蟹为主的虾蟹混养和以鱼为主的鱼虾混养。混养模式中青虾产量易受其他因素影响，青虾产量不稳定。主养青虾是以青虾为主的养殖方式，又分双季养虾和一次放苗周年捕捞或轮捕轮放。本图说主要介绍双季养虾中秋季青虾养殖的关键技术。

限于篇幅，青虾养殖技术图说只提供了关键技术要点，广大农民朋友在生产实践中若有问题和建议，可直接与江苏省淡水水产研究所养殖室联系。

电话：025-86581553

网站：http://www.js-fish.net

一、品种特征

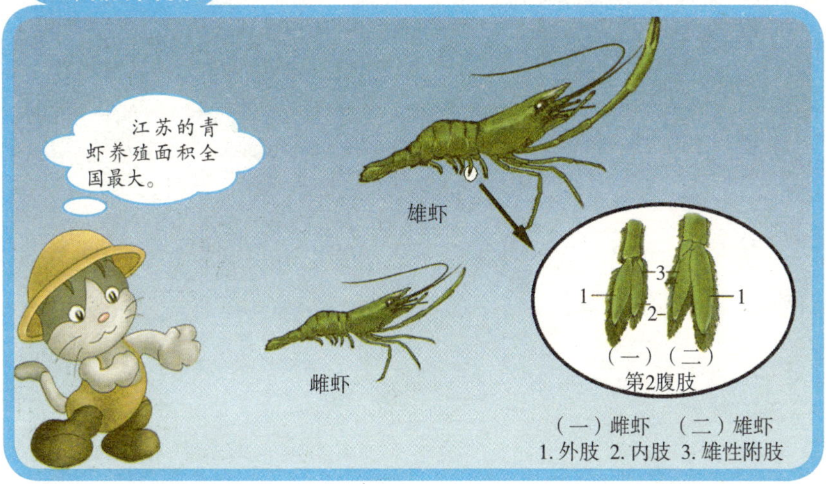

青虾学名日本沼虾，又称河虾，是我国和日本特有的淡水虾品种。青虾生活在淡水和入海河口，肉质脆嫩、味道鲜美、营养丰富，人工饲养经济价值很高。

二、青虾生活史

青虾的生长是靠蜕壳来完成的。青虾蜕壳有生长蜕壳和蜕皮蜕壳两种方式，通常一生要蜕壳13~15次。在自然水域中，青虾一般能活14~18个月，在产完小苗后死亡。

三、育苗池准备

育苗池面积通常为2~3亩，长方形，池深1.5米左右。池底要平坦，稍向排水口倾斜，淤泥厚度10厘米左右。堤埂要坚固不渗漏，进排水方便。放养前用生石灰清塘消毒。青虾育苗的水质要清新无污染，通常在进水口用60~80目筛绢制成网袋进行过滤。

四、抱卵虾培育

5月下旬至6月上旬在天然水域捕捞虾种，选择5厘米以上的抱卵虾饲养。每天按虾重的3%~5%投喂颗粒饲料：日投2次，上、下午分别为30%和70%。当抱卵虾卵色变为灰白色时，每亩追施发酵的有机肥50~100公斤，培育生物饵料。池水透明度25~30厘米。

五、虾苗培育

当虾池出现大量蚤状幼体时，每天每亩全池泼洒1~2公斤黄豆浆，或每亩投喂捏碎过滤后的蛋黄4~5个。饲养中后期需投喂适量细小的破碎颗粒饲料，或鱼肉浆、麦麸等，日投饲2~4次。幼体刚孵出时水深保持60厘米，以后每2天加水10厘米，逐步加到1.2米深。

六、捕捞放养

虾苗捕捞前2~3天要拉网炼苗。炼苗要选择晴好天气，每天用拉网在虾苗池塘中来回移动1次。捕苗前一天停食。苗种放养要带水操作，注意水的温差不要过大。精养青虾要培育肥水，放苗前打开增氧设备。

七、双季精养

池塘面积3~8亩，坡比1：3，水深1.5米。苗种放养前准备和育苗准备相同，另外要种植水草。春季4~5月放苗，夏秋季7月中旬至8月上旬放苗，每次每亩放养5万~8万尾。通常采用捕大留小的方法饲养，两季商品虾亩产可达50~120公斤。

八、立体养殖

养殖池中设置栖息场所可提高青虾产量。可在池中离水面30~40厘米处设置夏花网片，用毛竹架固定。每排网片宽3~4米，网片面积为虾塘面积的10%~20%。也可以吊挂茶树把，增加青虾息场所。一般每亩吊挂5~10把。

九、水草养护

水草既能作为青虾的天然饵料，又能净化水质。适宜种植的水草主要有轮叶黑藻、聚草、眼子菜、水花生等。水草覆盖面积占总水面的40%为宜，太密要人工刈割，太少则需适当移植水花生等。水花生通常用聚乙烯绳串成长条形，固定在无草水域。

十、投饲管理

青虾养殖以投喂专用颗粒配合饲料为主，其中幼虾饲料粗蛋白质含量要达到35%~40%，成虾饲料粗蛋白质含量要达到30%~32%。每天投喂量一般为全池虾体总重量的3%~5%，具体投喂量可根据天气、水温、水质和虾子摄食情况适当调整。

十一、水质调控

春季水质要肥，夏秋季水质要清爽。每隔半个月加注1次新水，温度较高时每周换水1次。换水要先排后放，先排出底层水，再注入10~20厘米的新水。每隔15天要用微生物制剂全池泼洒1次，调节水质。水体透明度控制在30~35厘米。

十二、虾病防治

青虾常见病害主要有黑鳃病、红体病。黑鳃病为病虾鳃丝末端发黑腐烂，可用土霉素或漂白粉水溶液全池泼洒防治。红体病发病初期病虾尾柄色泽变红，随后逐渐扩大至整个腹部，最后到头胸部而死亡。预防红体病，主要是养殖操作时动作要轻，防止受伤，保持水质清爽。

小龙虾池塘养殖技术图说

小龙虾

说明

小龙虾是近年来新开发的水产养殖品种，适应性广，繁殖能力强，市场前景好。

小龙虾可采用土池育苗解决苗种来源，主要养殖方式有池塘养殖、稻田养殖、滩地养殖和林间沟养殖等。小龙虾可以主养，也可以与河蟹和鱼类混养，养殖方法操作简便，资金投入少，经济效益高。本图说以池塘养殖为例，重点介绍小龙虾养殖的共性技术。

限于篇幅，小龙虾池塘养殖技术图说只提供了关键技术要点，广大农民朋友在生产实践中若有问题和建议，可直接向江苏省淡水水产研究所唐建清研究员咨询。

电话：025-86581553

网站：http://www.js-fish.net

一、生活习性

小龙虾昼伏夜出，浅水底栖爬行生活，喜逆水，占地盘，冬夏穴居，环境适应能力强；在阴凉潮湿环境，可离水成活1周；食性杂，生长快；对重金属和敌百虫、菊酯类等杀虫剂非常敏感。

二、生活周期

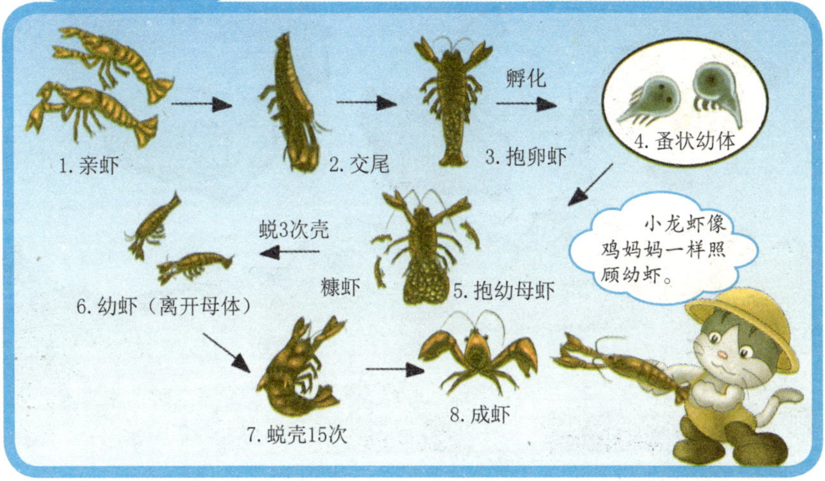

小龙虾群体繁育能力强，亲虾繁殖苗种后仍能蜕壳生长，幼虾经2~3个月养殖可达到商品虾规格。

三、池塘选择

小龙虾养殖场要求水源充足，水质清新，排灌方便；土壤以黏土、壤土为好。养殖池一般为5～10亩（苗池2～5亩），养殖池四周要设置防逃设施，网上要加塑料薄膜。

四、亲虾的选择与放养

亲虾要求体色暗红或黑红色、有光泽、无附着物，规格20～40尾/公斤，附肢要齐全、无损伤，体格健壮、活力强，雌雄比为（1.2～1.5）：1。一般在8月底至10月上旬放养，放养量通常为15～20公斤/亩。

五、亲虾越冬管理

亲虾放养后要加强饲养管理，保持良好的水质；投喂优质饲料，适当加喂一些鲜活小杂鱼。当水温低于15℃时，降低池塘水位，迫使小龙虾穴居过冬；天气温暖时要适当投喂饲料，以提高亲虾和幼虾的成活率。

六、苗种繁育

春季水温达到15℃时，强化苗种繁育，提高繁育池水位；池塘中施腐熟有机肥100公斤/亩，培养浮游生物；及早投足优质饲料，提高成活率；及时捕捞亲虾上市。

七、幼虾的捕捞与运输

当幼虾长到3厘米以上时可以捕出，进入成虾养殖阶段。通常用地笼网捕捞，捕捞的虾苗应根据不同规格分箱装运。运输通常采用干运法，装运箱为80厘米×40厘米×15厘米的密眼网箱，每箱装运3公斤。运输时要保持湿度，避免风吹日晒。

八、池塘准备

苗种放养前要做好虾池的清整与消毒，修建防逃设施，移栽水生植物及池塘注水施基肥等工作。如果是已养过小龙虾的池塘，则在冬闲时进行。

九、养殖模式

小龙虾适宜不同的水域养殖，可在池塘、稻田、滩地、林间沟、水生经济植物田（池）等水域养殖，但要建立合理的深水区，注意与种植品种的关系。

十、捕捞运输

苗种放养应选在晴天的早晨或傍晚，采用多点分散放养。长途运输的外购苗种放养前要让其充分吸水。放养量可根据虾苗的长度来确定：规格3～4厘米，放养2.0万～2.5万尾/亩；规格4～5厘米，放养1.5万～2.0万尾/亩；规格5～6厘米，放养1.0万～1.5万尾/亩；规格6厘米以上的，放养0.8万尾/亩。

十一、水质管理

养殖中要掌握"春浅、夏满"的原则。早春适当施肥，养殖期间一般每7天换水1次，高温季节每2～3天换水1次，透明度控制在30～40厘米；每半月泼洒1次生石灰水或有益微生物制剂。

十二、仿生态养殖

饲料的质量直接关系到小龙虾的生长和质量。养殖中以投喂配合饲料为宜，每天上午7~9时、下午5~6时投喂，以傍晚投喂为主。投喂量以投喂后3小时内吃完为宜，早晨投喂量为傍晚投喂量的30%。应实行多点散投，定点检查。

十三、巡塘管理

早晚坚持巡塘，注意观察小龙虾摄食情况、养殖池的水位和水质变化，测定水温，检查防逃设施；不定期测定pH、氨、氮、亚硝酸盐、硫化氢，检查虾生长情况，严防鸟、鼠等敌害生物危害。要有专人做好塘口日记。

十四、病害防治

小龙虾的病害主要是白斑综合征，发病时间为4～6月份。防治方法：放养优质的种苗，控制放苗密度，提早投喂优质饲料，保持良好水质。发现死虾，必须进行隔离，并深埋死虾。

十五、商品虾捕捞与运输

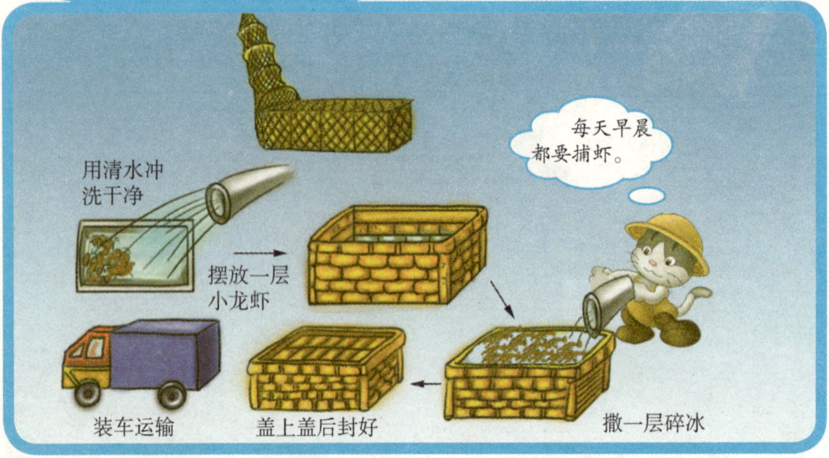

用地笼网捕虾，实行轮捕，捕大留小。把地笼网横放在小龙虾经常活动的地方，笼梢要高出水面，有利于进笼虾透气；地笼网下好后每2小时观察1次，起网时取出虾分拣；地笼网使用7～10天后必须彻底冲洗、暴晒。

黄鳝池塘网箱养殖技术图说

黄鳝

说明

黄鳝营养丰富，肉味鲜美，有滋补保健作用，深受消费者的喜爱。

黄鳝的养殖方式主要有土池养殖、水泥池养殖、稻田养殖、池塘网箱养殖等方式，也适宜庭院养殖。水泥池养鳝的优点在于换水清淤彻底，捕捞方便，但建池投资较大，对温度的缓冲能力小于土池；稻田养鳝产量较低；网箱养鳝是一种比较适用的养殖方式，投入少，效益高。本图说重点介绍黄鳝网箱养殖的共性技术。

限于篇幅，黄鳝池塘网箱养殖技术图说只提供了关键技术要点，广大农民朋友在生产实践中若有问题和建议，可直接与江苏省淡水水产研究所养殖室联系。

电话：025-86581553

网站：http://www.js-fish.net

一、生活习性

黄鳝俗称鳝鱼、长鱼，是鱼类。其嗅觉发达，视力差，昼伏夜出，食性以动物性饵料为主，能耐饥饿，有相互残杀的习性。黄鳝喜欢水质清新的环境，怕冷怕热，冬天冬眠于土中。黄鳝主要依靠口腔、咽喉呼吸，也能用皮肤呼吸，能耐低氧。

二、网箱养鳝池塘选择

黄鳝养殖池塘要求水源充足，水质无污染，池塘面积一般5～10亩较为适宜，水深1.5～2.5米，池底平整，淤泥少。通常放苗前15天清整池塘，并用生石灰清塘消毒。

三、网箱设置

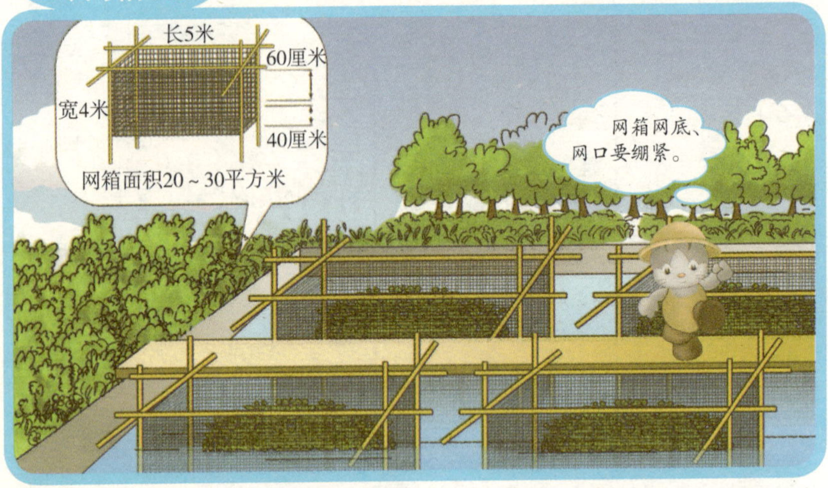

用40目聚乙烯无结节网片制作网箱，五面体敞口型，网条要紧。箱体露出水面60厘米，水下30～40厘米。网箱用竹、木作支架，打桩固定，有条件的可在两排网箱之间搭通道架便于操作。网箱总面积一般占池塘面积的60%。

四、水草移栽

养鳝网箱内要种植水草，为黄鳝提供栖息场所。水草品种有水花生、水葫芦等。水草面积占网箱面积的90%左右。夏天要及时将网箱内多余或腐烂的水草捞出。

五、苗种选择与运输

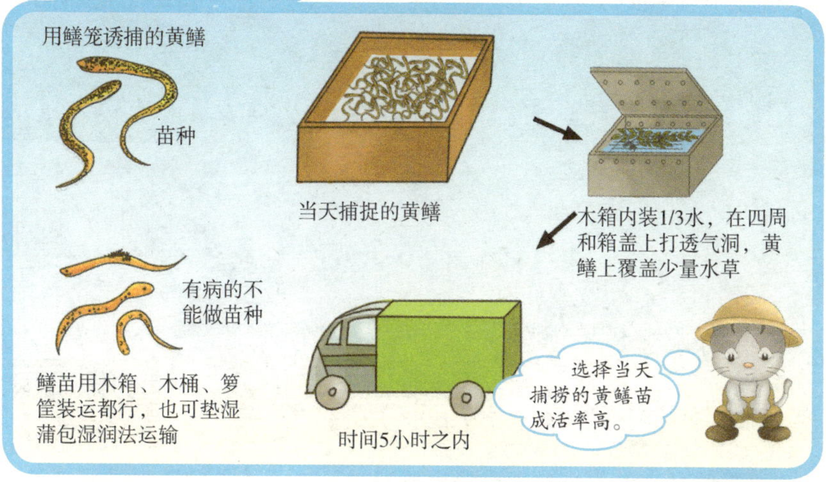

黄鳝苗种主要依靠天然捕捞和市场收购，苗种要求体质健壮、无病无伤、体表光滑、富有黏液、规格整齐、活动能力强。选购时，注意剔除体表或口腔内有伤的鳝种。最好在上午将当天捕捉的黄鳝收购回来，装运时在黄鳝装运箱四周和盖上打洞，以便通气。

六、苗种放养

每年4～5月份当自然水温在12℃以上时即可放养。每平方米网箱放养1~2公斤为宜，到11月底可养成商品鳝。

七、放养要点

黄鳝对水温变化的承受能力不超过3℃，放养时若水温温差过大，则要缓慢调温处理，把温差调到小于3℃后再放养。切勿将擦伤和发病的黄鳝苗种放养入池，以免引起鳝病暴发。鳝苗入箱前用药物进行一次浸浴。

八、驯养技术

黄鳝苗种需进行人工驯养，建立集中摄食反射。可将新鲜蚌肉冰冻后绞成肉糜，每天下午5点投喂黄鳝总重量的1%；3天后，将肉糜揉成团定点投放在水草上，每个网箱设4~6个点，投喂量仍为1%；第6天逐渐添加人工配合饵料，投喂量为鳝苗体重的2%~3%。

九、投饲管理

鳝苗驯养后可逐渐减少鲜活饵料数量。水温在20～28℃时，早晚各投饵1次；日投饵量以2小时内吃完为好；投喂的饵料一定要做到新鲜；坚持定点投喂，便于观察摄食情况，调整投饵量。

十、水质管理

网箱养鳝池塘中每亩每公斤套养10～15尾的鲢鱼100尾，可调节水质。春秋季节每隔5天换1次水，7～9月高温季节每隔2～3天换1次水，每次换水量为全池的1/3，鳝池透明度控制在30厘米以上。应避免周围农田刚施过农药时换水。定期清洗网箱。

十一、日常检查

坚持早、中、晚巡池检查，观察天气、季节、水质等变化，掌握黄鳝吃食情况。及时清除剩余饵料，调整投饲量，发现异常及时处理。勤检查网箱，发现破洞立刻修补，暴雨天注意防逃。冬天天气较冷时，加深池塘水位，在网箱水草上铺一层稻草，使黄鳝安全越冬。

十二、病害防治

黄鳝无鳞，对许多药物较敏感，且特效药少。鳝病以生态预防为主，平时要保持池水、饵料清洁。黄鳝的病害主要有赤皮病和肠炎病。赤皮病症状为体表局部出血、发炎，尤其腹部和两侧最明显，呈块状。肠炎病症状为肛门红肿，不吃食。一旦发现黄鳝生病要迅速隔离，并向当地鱼病医生咨询，及时诊断，抓紧治疗。

十三、捕捞运输

网箱养殖黄鳝捕捞比较简单，将水草清理干净，拉起网箱，倾斜于一角，用三角抄网抄出即可。黄鳝运输周转箱内壁要光滑。装箱前一天要停止投喂饲料。运输途中每隔2～3小时换1次水，加入的水应与箱内水温一致。

泥鳅养殖技术图说

说明

泥鳅营养好、抗性强、易饲养，是投资小、见效快的一种养殖鱼类。

泥鳅养殖方式主要有池塘养殖、稻田养殖、网箱养殖、木箱养殖、庭院式养殖及大水面混养等。本图说以池塘养鳅为例，重点介绍泥鳅养殖的共性技术。

限于篇幅，泥鳅养殖技术图说只提供了关键技术要点，广大农民朋友在生产实践中若有问题和建议，可直接与江苏省淡水水产研究所养殖室联系。

电话：025-86581553

网站：http://www.js-fish.net

一、生活习性

泥鳅属底层鱼类，杂食性，多在夜晚摄食，会变色。1冬龄可达性成熟，产卵期在4~9月，以5~7月最盛，卵黄色。泥鳅除能用鳃呼吸外，还可进行肠道呼吸，最适生长温度为24~27℃，适宜水温为15~30℃。

二、养殖周期

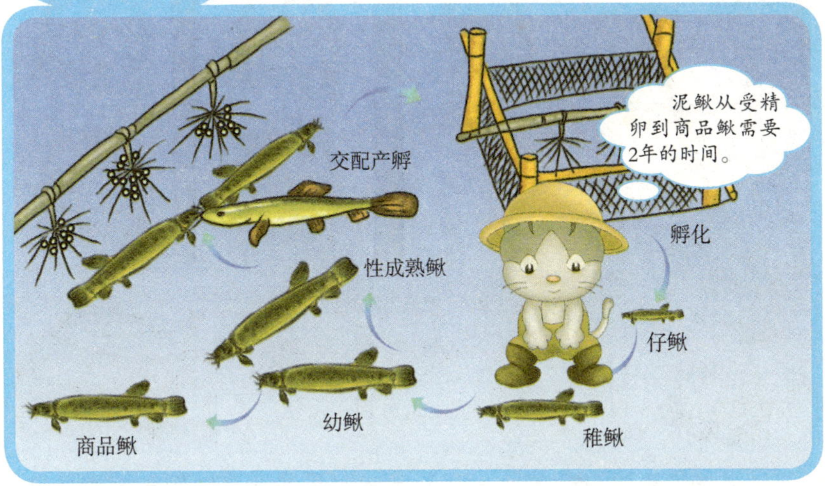

受精卵在水温20~25℃的条件下，约2天孵化出仔鳅。仔鳅主要摄食枝角类等浮游动物。幼鳅末期除摄食甲壳类、昆虫幼体、丝蚯蚓等底栖动物外，还摄食藻类、高等植物和有机碎屑等。

三、亲鳅培育

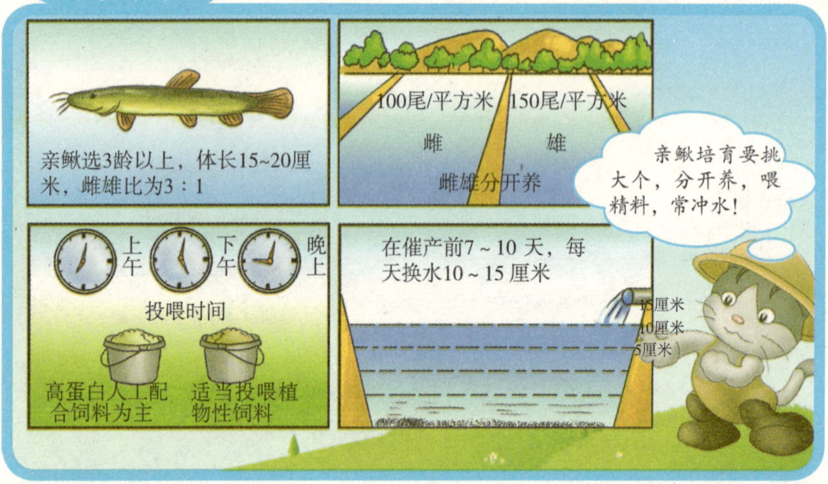

亲鳅要选体质健壮、无伤残、活力强、鳍条整齐的个体。日投饲量为亲鳅体重的4%～6%，每天分3次投喂。每隔3～5天换水5～10厘米。水温超过28℃时，须及时换水，以防亲鳅“夏眠”。

四、繁殖技术

当水温达到18℃以上时，在池内放置已消毒的棕片、杨柳树根等作鱼巢。泥鳅产卵后，将已附卵的鱼巢转入小网箱内孵化，同时再放入新的鱼巢，继续产卵。孵出的鱼苗可直接在小网箱内培育成鳅鱼种后放入养殖池饲养。

五、鳅苗运输

泥鳅苗装运前1天停止喂食，并放置在清洁水面中排污。长途运转泥鳅苗时须用鱼苗袋充氧运输。装苗后，袋中空气要排尽后再充氧。如果空运不宜将氧气充得太足。天气太热时可在苗箱和塑料充氧袋之间加冰袋。

六、鳅池建造

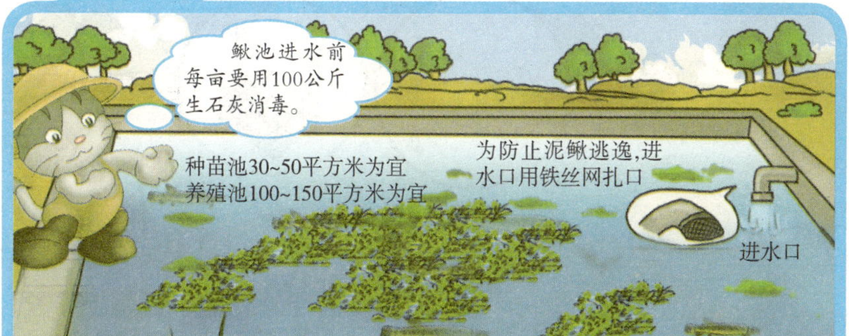

选择阳光充足、水源方便的地方建池。养殖池面积100～150平方米，种苗池30～50平方米为佳，池深50～100厘米。池壁要光滑，进排水口分开在两端。池底有松土30～40厘米；池塘中放养占池面10%的水葫芦、空心菜（蕹菜）等漂浮植物。

七、鳅种培育

孵化出的鳅苗附着在鱼巢上，体长3～4毫米，放养前须暂养半天，每10万尾喂1～2只蛋黄浆。放养密度750～1000尾/平方米，有流水条件的放养量可加倍。每天投喂1～2次，投喂量为放养量的10%。鳅苗体长达5厘米时，即可投放池塘养殖。

八、鳅种驯化

鳅种须用泥鳅筛按规格分选，做到同一池规格基本一致。鳅种下塘的第3天晚上（20时左右），在多个食台上投放少量人工饲料，以后每天逐步推迟2小时投喂，并逐步减少食台数目。约经10天驯养，可使泥鳅从夜间分散觅食转变为白天集中到食台吃食。如驯化效果不佳，可重新驯化，直至达到目的。

九、池塘养鳅

池塘养殖泥鳅，每亩投放鳅种2.5万~3万尾，日投配合饲料2次。投喂量一般3月份为泥鳅总体重的10%，4~6月份为4%，7~8月份为10%，9~10月份为4%，11月份至翌年2月不投饲料。水温30℃时要加大换水量，增加水深。冬季在池角施入牛、猪粪等厩肥。

十、水质调节

池水以黄绿色为好，透明度以20~30厘米为宜。当水色变为茶褐色、黑褐色或水中溶氧量低于2毫克/升时，要及时注入新水，更换部分老水。透明度过大要适当追施肥料。

十一、饲养管理

泥鳅在水温15℃时开始摄食，通常每天早晨8～9时及下午4～5时投喂。随着个体不断长大，投喂量应不断增加，投喂次数可增加到每天3次。饲料品种随水温而改变，当水温在16~20℃时以植物型饲料为主；在21～23℃时动物型和植物型饲料各半；在23~28℃时以动物型饲料为主。

十二、日常管理

早、中、晚巡塘各1次，观察泥鳅活动和水质变化情况，发现问题及时处理。恶劣天气应注意观察泥鳅是否浮头，加强进排水口、塘埂的检查，发现漏洞要及时修复。

十三、捕捞方法

泥鳅捕捞可采用流水刺激法、饵料诱捕法、排水捕捞法。排水捕捞法通常是在立秋水温20℃以下采用。

十四、泥鳅暂养

泥鳅起捕后，无论是销售或食用，都必须经过几天时间的清水暂养，方能运输出售或食用。暂养方法很多，一般采取低温蓄养，水温保持在5~10℃。

十五、病害防治

泥鳅的常见病害有车轮虫、舍杯虫、三代虫等寄生虫引起的疾病，细菌感染引起的赤皮病、腐鳍病、烂尾病、打印病，以及由水霉感染引起的水霉病等。寄生虫病主要危害苗种，赤皮、腐鳍、烂尾通常是因为捕捞和运输过程中擦伤鱼体和水质恶化等因素诱发。

致读者

社会主义的根本任务是发展生产力，而社会生产力的发展必须依靠科学技术。当今世界已进入新科技革命的时代，科学技术的进步已成为经济发展、社会进步和国家富强的决定因素，也是实现我国社会主义现代化的关键。

科技出版工作肩负着促进科技进步、推动科学技术转化为生产力的历史使命。为了更好地贯彻党中央提出的“把经济建设转到依靠科技进步和提高劳动者素质的轨道上来”的战略决策，进一步落实中共江苏省委、江苏省人民政府作出的“科教兴省”的决定，江苏科学技术出版社于1988年倡议筹建江苏省科技著作出版基金。在江苏省人民政府、江苏省委宣传部、江苏省科学技术厅（原江苏省科学技术委员会）、江苏省新闻出版局负责同志和有关单位的大力支持下，经江苏省人民政府批准，由江苏省科学技术厅、凤凰出版传媒集团（原江苏省出版总社）和江苏科学技术出版社共同筹集，于1990年正式建立了“江苏省金陵科技著作出版基金”，用于资助自然科学范围内符合条件的优秀科技著作的出版。

我们希望江苏省金陵科技著作出版基金的持续运作，能为优秀科技著作在江苏省及时出版创造条件，并通过出版工作这一平台，落实“科教兴省”战略，充分发挥科学技术作为第一生产力的作用，为建设更高水平的全面小康社会，为江苏的“两个率先”宏伟目标早日实现，促进科技出版事业的发展，促进经济社会的进步与繁荣做出贡献。建立出版基金是社会主义出版工作在改革发展中新的发展机制和新的模式，期待得到各方面的热情扶持，更希望通过多种途径不断扩大。我们也将在实践中不断总结经验，使基金工作逐步完善，让更多优秀科技著作的出版能得到基金的支持和帮助。

这批获得江苏省金陵科技著作出版基金资助的科技著作，还得到了参加项目评审工作的专家、学者的大力支持。对他们的辛勤工作，在此一并表示衷心感谢！

江苏省金陵科技著作出版基金管理委员会